门

中国精致建筑100

筑境

侯幼彬 撰文 张振光 等摄影

中国建筑工业出版社

出版说明

中国是一个地大物博、历史悠久的文明古国。自历史的脚步迈入新世纪大门以来，她越来越成为世人瞩目的焦点，正不断向世人绽放她历史上曾具有的魅力和光辉异彩。当代中国的经济腾飞、古代中国的文化瑰宝，都已成了世人热衷研究和深入了解的课题。

作为国家级科技出版单位——中国建筑工业出版社60年来始终以弘扬和传承中华民族优秀的建筑文化，推动和传播中国建筑技术进步与发展，向世界介绍和展示中国从古至今的建设成就为己任，并用行动践行着"弘扬中华文化，增强中华文化国际影响力"的使命。从20世纪80年代开始，中国建筑工业出版社就非常重视与海内外同仁进行建筑文化交流与合作，并策划、组织编撰、出版了一系列反映我中华传统建筑风貌的学术画册和学术著作，并在海内外产生了重大影响。

"中国精致建筑100"是中国建筑工业出版社与台湾锦绣出版事业股份有限公司策划，由中国建筑工业出版社组织国内百余位专家学者和摄影专家不惮繁杂，对遍布全国有历史意义的、有代表性的传统建筑进行认真考察和潜心研究，并按建筑思想、建筑元素、宫殿建筑、礼制建筑、宗教建筑、古城镇、古村落、民居建筑、陵墓建筑、园林建筑、书院与会馆等建筑专题与类别，历经数年系统科学地梳理、编撰而成。本套图书按专题分册，就其历史背景、建筑风格、建筑特征、建筑文化，结合精美图照和线图撰写。全套100册、文约200万字、图照6000余幅。

这套图书内容精练、文字通俗、图文并茂、设计考究，是适合海内外读者轻松阅读、便于携带的专业与文化并蓄的普及性读物。目的是让更多的热爱中华文化的人，更全面地欣赏和认识中国传统建筑特有的丰姿、独特的设计手法、精湛的建造技艺，及其绝妙的细部处理，并为世界建筑界记录下可资回味的建筑文化遗产，为海内外读者打开一扇建筑知识和艺术的大门。

这套图书将以中、英文两种文版推出，可供广大中外古建筑之研究者、爱好者、旅游者阅读和珍藏。

目录

门

开门为了沟通，关门为了防卫，这是门的作用的两面。古人更多的是着重门的护卫意义。《释名》说："门，扪也，为扪幕障卫也；户，护也，所以谨护闭塞也。"门既可沟通，也可切断建筑内部与外部的自然联系和人际联系。德国哲学家G·齐美尔（Georg Simme）在论述门的作用时说："门将有限单元和无限空间联系起来，通过门，有界的和无界的相互交界，它们并非交界于墙壁这一死板的几何形式，而是交界于门这一可变的形式。"（《桥与门——齐美尔随笔集》，第16页）的确，门不仅仅是有限单元与无限空间的交接点，而且是建筑中各个层次的内外空间的交接点。中国古代的建筑体系对此展现得最为清晰。

中国建筑由"间"、"屋"、"院"、"多进院"联组成庞大的建筑群。这种离散的、内向的庭院式布局产生了众多的门。房有房门，堂有堂门，院有院门，宅有宅门，寺有寺门，宫有宫门，由城墙围合的城市还有城门，它们起着控制室内外、屋内外、院内外、宅内外以至坊内外、城内外等多层次空间的"通"与"隔"的作用。

这些多种多样的门，展现出中国建筑极其丰富的门的文化、门的艺术、门的哲学。

一、中国建筑：
门的世界

《玉篇》曰："在堂房曰户，在区域曰门。"的确，中国建筑的"门"可以区分为两大类：一类属于"区域门"，或称"单体门"，即门本身是一栋独立的建筑，如北京四合院中的大门、垂花门；北京紫禁城中的午门、太和门；明长陵中的祾恩门、棂星门、二柱门。这类门或以门屋、门殿、门楼等单体建筑呈现，或以衡门、乌头门、洞门、牌坊门等建筑小品呈现，是与殿、堂、亭、台、楼、榭并列的一种建筑类别；另一类门则是"堂房门"，是建筑中的一种构件，如格门、隔扇门、屏门、棋盘门、实榻门等，它与槛窗、支摘窗、木栏杆、楣子、花罩、天花等一样，属于木装修之列。这种门早期称为"户"，与窗的早期名称"牖"相对应，"户牖"连称如同现在所说的"门窗"。《淮南子》提到："十牖毕开不若一户之明"，"受光于隙照一隅，受光于牖照北壁，受光于户照室中无遗物"。看来牖的透光量很小，一户之明可抵十牖，可见当时户还兼有重要的采光作用。后来户和牖统一为外檐装修的格门、隔扇门、槛窗、夹门窗等。由于中国建筑是木构架体系，前后檐墙体都不承重，可以自由地开设大片门窗，因此作为外檐装修的堂房门常常充满整个开间，并做得十分精巧、华丽，成为殿屋立面极富装饰性的构成要素。区域门、单体门的运用更是中国古典建筑的重要特色，它的数量之多，使用之广，功用之大，规格之高，地位之显，创意之巧，都是其他建筑体系罕见的，难怪有人夸赞中国建筑是一种"门"的世界，"门"的艺术。

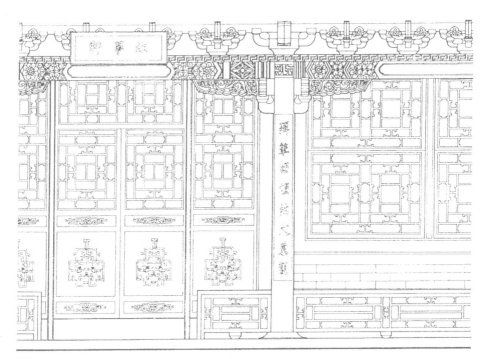

图1-1 堂房门示意图

图为曲阜孔府红萼轩前檐隔扇门。

图1-2 区域门示意图

图为沈阳清福陵西红门。

不难看出，在中国建筑中，门的作用远远超出穿行交通、启闭禁卫的实用功能，也远远超出组构立面、美化殿屋的审美功能，而衍生出一系列文化的、艺术的功用和意义。

一是构成门面形象：中国庭院式建筑组群，属于内向性布局，殿屋堂阁都深处庭院内部，只有作为组群入口的大门正面朝外。这个大门门面，既是整个建筑组群空间序列的起点，也是整个建筑组群最突出的外显形象，自然成了组群对外的展示重点和建筑艺术的表现重点。在"礼"的制约下，大门的形制、规格也成了全组建筑重要的等级表征，是房屋主人名分、社会地位的"门第"标志。

二是衬托主体殿堂：中国建筑很早就建立了门堂配伍的布局模式，主要殿堂的前方必定设立对应的"门"。官殿、坛庙、陵寝、衙署、宅第莫不如此。太和殿前方有太和门，乾清宫前方有乾清门，祈年殿前方有祈年门，大成殿前方有大成门，祾恩殿、隆恩殿前方有祾恩、隆恩门，北京四合院正房前方也设有垂花门。这些门，构成主体殿堂的前座，与两侧廊庑、配殿、配房共同组成以主殿为正座的主庭院。门在这里是主庭院的入口，是进入主殿堂的前奏，为主殿堂增添了一道门禁，添加了一层烘托。

图1-3 隔扇门/上图

用作外檐装修的隔扇门，在屋身构成中占据着很大分量。图为北京故宫皇极殿，前檐中部五个开间，每间均由四扇隔扇组成。整樘金闪闪的隔扇门大大增添了屋身立面的富丽堂皇。

图1-4 婺源民居隔扇门/左图

民间建筑常常把隔扇门作为立面装饰的重点部位。这是江西婺源延村民居的隔扇。婺源原属安徽徽州地区，民居呈皖南风格。这组隔扇比例修长、秀美，木雕工艺精湛。裙板光洁，不作纹饰，与棂心、绦环板的精致雕饰形成恰当的简繁对比。

三是铺垫组群层次：在一些特别重要的组群中，常常在主轴线上增建重重门殿来增加组群的纵深进落，形成一进又一进的以门为正座的庭院，强化了主轴线的建筑分量，扩展了组群的纵深时空，在总体布局中起到了起、承、转、接的铺垫作用。

四是标定空间界域和丰富场所意蕴：衡门、洞门、牌坊门、棂星门等建筑小品，常常在宅院、宫门、神道、香道、景点、街口、桥头等位置，用来标定建筑的空间界域，标志场所的特定性质，成为组织空间、隆化场面、点染气氛、丰富景域的重要手段。阙门、牌坊、棂星门等自身都成了一种标志符号，具有浓厚的礼仪性、彰表性、纪念性内涵，对强化建筑的精神功能，丰富场所的文化意蕴都起到显著的作用。

正是由于门的诸多作用和重要意义，无论是从谨严门禁、强化私密、组织空间的角度，还是从艺术表现、礼仪教化、门第意识的角度，中国建筑对门的调度、处理都被提到极重要的高度，受到极认真的关注，积淀下极丰厚的文脉，是中国建筑中引人注目的一份文化遗产。

图1-5 北京颐和园东宫门
采用"五间启三"的宫门形式。门前由朝房、
值房、牌楼、月池、影壁、铜狮等组成很有气
势的门庭，显现出皇家园林端庄、凝重、轩昂
的门庭气派。

图1-6 明清陵寝内门/后页
明清陵寝普遍以琉璃花门作为通往后院的内
门。这种门大多由一主二从的三座歇山顶琉璃
墙门组成，很富装饰性、标志性。图为河北遵
化清裕陵的琉璃花门。

门

中国建筑：门的世界

图1-7 正阳门箭楼

正阳门俗称前门，是北京内城南垣的正门，设有瓮城、箭楼。图为正阳门箭楼，楼身高大，重楼砖构，辟四排射孔，造型敦实、宏伟，此楼曾被八国联军炮毁，于1902年重建，外观上已掺入拱形窗楣等近代装饰。

筑境 中国精致建筑100

二、门第与门制

在门第意识的支配下，门在中国古代成了人的地位和身份的重要表征，形容人的贫富尊卑，常用朱门、豪门、侯门、寒门、贫门、柴门等字眼。官门重重，象征着封建王权的威严与尊贵；侯门似海，代表着贵族品第的尊崇与威仪；蓬门荜户，意味着平民农家的困顿与清苦；柴门荆扉，透露着寒士隐儒的返朴与冷寂。为了分君臣、明尊卑、别贵贱的礼的需要，中国古代建筑贯穿着一整套严密的等级制度，这套等级制度在门的规制上表现得特别突出，有一系列以门制等差标志门第等差的方式，粗略归纳，至少有以下几方面：

面街限定：汉唐时期，城市为里坊布局，宅第大门能否临街，有明确的等级限定。汉制规定，列侯公卿食邑万户者，其住居称为"第"，可以门当大道；不满万户者，只能称"舍"，出入须由里门。唐代也规定，非三品以上的高官或特殊资格的人，不准凿开坊墙，面街开门。这样只有高官贵戚才能门临大道，具有先声夺人的特殊显赫。白居易《伤宅》诗："谁家起甲第，朱门大道旁"，描写的就是这种景象。从三品以下到庶民都只能在里巷内开门。当时街上设有"街鼓"，早晚坊门随鼓声启闭。坊内的"穷巷掩双扉"与大街的"高高朱门开"，形成了门面环境的鲜明对照。

门座限定：《易·系辞下》："重门击柝，以待暴客。"帝王的宫殿总是以一重又一重的门阙，形成深院重重的布局。这种门禁森严的防卫需要，也转化为礼的规范。周朝有天

图2-1 北京恭亲王府大门（程里尧 摄）
这是一种"正门五间，启门三"的王府大门形
式，按清代规制，只有亲王府和亲王世子府才
准用。

图2-2 北京故宫太和门（程里尧 摄）/后页
是进入午门后的第一座门殿，也是宫城核心太
和殿庭院的正门。门殿面阔九间，重檐歇山黄
琉璃瓦顶，下承须弥座台基，勾栏环立，螭首
环挑，是屋宇式门殿的最高形制。

门

筑境 中国精致建筑100

子五门的制度，自外至内分别为皋、库、雉、应、路五座门阙。《诗经·大雅·绵》描述古公亶父在周原营建城郭宫室的情况，提到"乃立皋门，皋门有伉；乃立应门，应门将将"。据朱熹考证，皋门是王的郭门，应门是王的正门，因为古公亶父建了这两座门，到周有了天下，就把这两门尊为天子专用的门。因此诸侯只能立库、雉、路三门。这种以门阙的数量、品名来表示建筑品位的高低，一直是中国古代建筑布局的重要原则。北京紫禁城仍然延续着天子五门的体制。曲阜孔庙在大成殿之前也重叠着五重门，意味着在门座的配置上采用了与天子等同的最高规格。一般的大宅通常设大门、二门两重门，小宅则只剩下一道大门。

制式限定：门的制式是门第等级的精确标志。《礼记》上记述，体量高大巍峨的台门，是天子和诸侯专用的。据《唐六典》和《宋史·舆服志》的记载，乌头门的使用也有明确限制，必须是六品以上才许用。对于上至王府、下至庶民都广泛使用的屋宇式大门，由于运用面很广，从唐到清都从间架上做出精确的等级规定。唐制：三品以上，门三间五架；四、五品，门三间两架；六、七品以至庶人，门一间两架。明制：公主府第，正门五间七架；公侯和一、二品，门三间五架；三至五品，门三间三架；六至九品，门一间三架；对庶人虽无明文规定，顶多也只是一间而已。北京的一般宅院大门都是一间，就是这种等级限定造成的。而王府大门则是"五间启三"或"三间启一"的高体制。门第的尊卑只要看大门的间架就能一目了然。

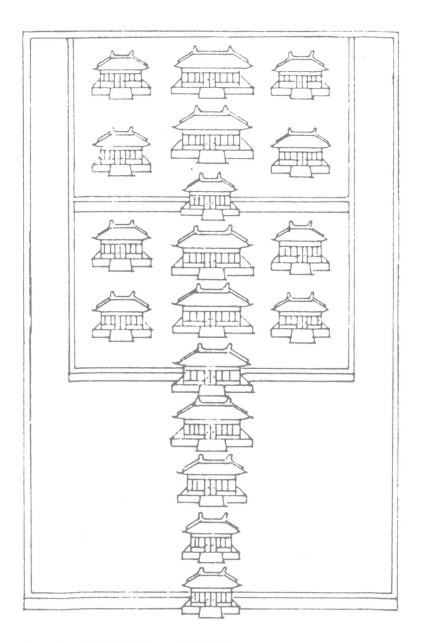

图2-3 [宋]聂崇仪《三礼图》中的"周代寝宫图"

"五门"是帝王宫殿的规格。

辅件限定：大门不是孤立的，有一系列辅助性的陪衬。早在西周时期，已有在大门树立影壁的做法，当时称为"树"、"屏"、"塞门"，只有天子、诸侯或采邑领主的宫廷、宅邸、宗庙才能用，是一种很显赫的等级标志。春秋时期礼制松弛，管仲宅第也树起"塞门"，孔子曾经严厉批评说："邦君树塞门，管氏亦树塞门……管氏而知礼，孰不知礼。"（《论语·八佾》）门前列戟也是表示身份的重要标志。最晚到北周已有高官列戟的制度，隋代也有三品以上"门皆列戟"的规定。唐代制定得更为具体，天子二十四戟，太子十八戟，一品十六戟，二品十四戟，三品十二戟，戟数依次按等级减小。宋代把戟刃改为木质，完全失去兵器功能，成为纯粹标志身份的仪仗。此后列戟的做法趋于淘汰，但清代王府门前仍设立的"行马"和"下马桩"同样具有等级标志的意义。

门饰限定：等级的限制在门饰上达到极细腻的程度，涉及门的油漆色调、门钉数量、铺首样式以至门环材质等。明制公主府门绿油、铜环；公侯大门金漆、兽面、锡环；一、二品门绿油、兽面、锡环；三至五品门黑油、锡环；六至九品门黑油、铁环。门钉原是加固门板与穿带用的，也将钉帽夸张成泡头形状，转化为富有装饰性的等级标志。清代的规制，按《大清会典》记载：亲王府金钉纵九横七，公门金钉纵横皆七，侯以下至男递减至五五，均以铁。门钉在这里通过不同的数量和色质，醒目地标示着爵位的高低。大门中还有一个锁合

图2-4 明长陵祾恩门（王雪林 摄）
明长陵祾恩门也是"五间启三"的门殿格局，上覆单檐歇山黄琉璃瓦顶，下承带勾栏的须弥座。此门原为"黄瓦、重檐、朱扉"，现存的单檐顶是清代重修时改建的。

图2-5 门簪（程里尧 摄）
门簪是锁合中槛和连楹的销木，簪头经过艺术加工，也成了
标示门第高低的标志。大户用四枚，小户用二枚。一看门簪
的数目，便知门第的高下。

中槛与连楹的销木，称为门簪。门簪通常大户
用四支，小户用两支，也带有标示门第高低的
意义。几乎可以说，只要是与门有关的、能够
显示级差的要素，从宏观的门座数量、门阙制
式，一直到细枝末节的门钉、门环、门簪，都
被调度成为表征门第的等级符号。

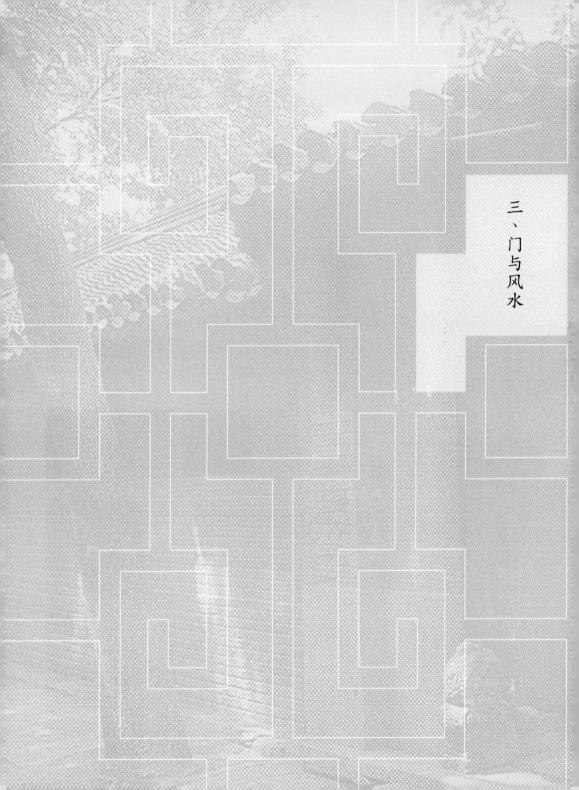

三、门与风水

无独有偶，门不仅受到礼制的极端关注，也同样受到风水的极端关注。风水师特别强调"气"的作用，把大门视为全宅的"气口"：

"宅之受气于门，犹人之受气于口也，故大门名曰气口。"（《相宅经纂》卷二）

"气口，如人之口。人之口正，便于呼吸饮食；宅之门正，便于人物出入。"（《辩论篇·阳宅门向》）

"门户运气之处，和气则致祥，乖气则致戾，乃造化一定之理。故先圣贤制造门尺，立定吉方，慎选月日，以门之所关最大耳。"（《阳宅十书·论开门修造第六》）

图3-1 石敢当
风水术迎合民俗避凶求吉心理，常在宅门墙边或街衢巷口镶立"石敢当"作为"辟邪止煞，禳灾纳福"的符镇手段。图为张家口市某宅大门正对的"泰山石敢当"。

风水术对门的一系列凶吉判断，看上去充满了神秘感，但透过扑朔迷离的词句，也不难察觉其中有一些蕴涵着古人对于门的经验认识，在神秘的、迷信的外壳里面包含有一定的合理内核。

图3-2 坎宅巽门

北京四合院住宅受以正定为中心的北派风水影响，坐北朝南的"坎宅"，大门普遍都设在东南角，形成"坎宅巽门"的格局。这种布局有利于保持宅院的私密、安宁，风水术的"吉利"吻合了安居生活的需要。

其一是涉及安居功能。风水确定坐北朝南的坎宅，大门应开在离（南）、巽（东南）、震（东）三个吉方。视巽方为最佳，称为青龙门。传统庭院式民居多是如此。一般宅门开于东南角，可避免通视内宅，有利于私密、安宁。王府大门则取"离"位，因大宅有多重殿屋，内宅退后，大门坐中无碍于私密而有利于观瞻，也是很得体的。风水的这种认定显然符合安居生活的需要。《阳宅十书》列举门的种种禁忌："凡宅门前不许开新塘，主绝无子"；

图3-3. 作为符镇手段的泰山石敢当（李振球 摄）
从通用的长方形简易碑石的形式，逐渐衍生出一些富有装饰性的形式。这个见于贵州吞口的虎头形石敢当已带有浓郁的"门饰"、"墙饰"的意味。

门

门
与
风
水

筑境 中国精致建筑100

"凡宅门前忌有双池，谓之哭字"；"门口水坑，家破伶仃；大树当门，主遭天瘟"等，说得很玄，实际上，水塘逼近门前，易致小儿落水；大树当门，既不便出入，又遮挡阳光，且易招雷击，这些在布局上确是应该禁忌的。

其二是有关环境协调。风水注意到宅门与自然的地势协调，与邻里的人际协调。大门的朝向讲求远对山峰，近避山口。因为门对远峰可以建立建筑与自然的有机联系，避开山口可以免受山谷风的迎面肆扰。一些处在山林环境中的寺庙，常常借助风水的说法，把山门与环境的关系处理得十分融洽。天台山国清寺的山门有意不设在寺的正面，而代之以书写"隋代古刹"四字的大影壁，把山门隐蔽于影壁东侧。据说一是以影壁锁住八柱峰山脊延伸的风水气脉，二是以朝东的开门吻合风水的"紫气东来"。实际上这种处理妥帖地取得寺前空间与高峰、凹谷、双溪、石桥、山径的协调，并增添了"步至佛寺不见寺，伫立门前不见门"的幽隐意趣。对于处在街巷林立、万家比户环境中的城市住宅，风水术宣称："一层街衢为一层水，一层墙屋为一层砂，门前街道即是明堂，对面屋宇即为案山。"把对邻里、街道的关系，同样按龙、穴、砂、水的原则来协调处理。如要求各家屋脊成行如一条龙，以取得全局的齐整；要求"门不相对"以避免相互的干扰，等等。

图3-4 《阳宅十书》中论阳宅外形吉凶的一幅图解

其三是吻合美学法则。《鲁班营造正式》对造门风水问题，列有"门高胜于厅，后代绝人丁。门高过于壁，其家多哭泣"，"门扇两样欺，夫妻不相宜"等口诀。诸如此类，实际上是涉及门与厅、门与墙的合宜比例和门扇的对称均衡。至于为"遮风收气"而设立影壁，为避免"气冲"而安置屏墙，为追求"偏正"而错开门位，为回避"煞气"而偏斜门的朝向等，处理得当，都能增添空间的灵活多变和曲折幽致。

其四是迎合民俗心理。风水术中收纳了大量民俗积淀的避凶求吉的符镇手段。与门相关的，当以"石敢当"为最典型。石敢当只是一块长方形的简易小石碑，上刻"石敢当"或"泰山石敢当"字样，通常立于宅门墙边或街衢巷口，民间信仰它具有辟邪止煞、禳灾纳福、保佑平安的作用，南北各地都用得很广泛。宋庆历年间在福建莆田曾掘出一块唐大历五年（770年）埋设的石敢当，石上墨迹文曰："石敢当，镇百鬼，压灾殃，官吏福，百姓康，风教盛，礼乐张。"说明石敢当最晚在唐代已经出现。早期是埋在地下，后来才树植于墙壁或地上。在当时人们心目中，其镇邪纳福的作用是很广的。风水术迎合民俗心理，采用了石敢当之类的符镇手段，以一种很简便的、廉价的方式"破除"难以回避的"凶煞"，是十分讨巧的。这种做法，使风水术自身也转化成了民俗文化的一大内涵。

四、婀娜多姿的墙门

图4-1 北京故宫养心门
属低墙门中最隆重的一种门
式。门体下承白石须弥座，
上覆黄琉璃瓦歇山顶，两侧
伸出琉璃材质的"一字影
壁"，门垛、影壁都贴饰琉
璃岔角、盒子，充分显示出
琉璃花门的豪华气派。

千姿百态的区域门、单体门，大体上可以分为墙门、屋宇门、台门和牌坊门四大类别。这里先从墙门说起。

墙门出现得最早。《诗经·陈风》提到"衡门之下，可以栖迟"。古文"衡"与"横"通，衡门就是横木为门，用两根木柱加上一二根横木，就构成最原始、最简易的墙门，东北地区的偏僻农宅至今还能见到这种门的形象，俗称"光棍大门"。衡门经过逐步演进，形成了一种高等级的墙门，名曰乌头门，也称阀阅。古人以"积功为阀"、"经历为阅"，这种门含有旌表门第、隆崇门庭的含义。《唐六典》规定六品以上才能用乌头大门，宋以来也都是在很隆重的场合，如文庙、陵墓、道观的正门才用。但乌头门本身的做法并不复杂。我们从敦煌431窟壁画中可以看到初唐时期的乌头门形象，只是两根圆柱横安衡木，柱顶套黑色柱筒，衡木两端出头并翘

图4-2 徽州民居门楼局部
徽州民居很注重门楼造型，形成多种多样的门
楼、门罩形式。图为三间四柱牌楼式门楼的局
部形象。高大的尺度，精细的雕饰和热闹的飞
檐翘角，强调出门第的显赫、高贵。

起，门上安有两扇带直棂窗的门扇。宋《营造法式》中绘有乌头门的规制形象。《册府元龟》说：阀阅"柱端安瓦桶，墨染，号为乌头染"。可知乌头之名正是由于原先柱头套墨染瓦桶而来。乌头门后来进一步演变为"棂星门"，成为礼制建筑中的一种具有重要礼仪标志的门式。

衡门、乌头门都是门比墙高，都属于低墙门之列。在民间建筑中，还有一种用得非常普遍的、带有屋顶的低墙门，称为"门楼"。门楼的形式很多，吉林民居有木柱板顶的板门楼和砖垛瓦顶的瓦门楼；许多地区的门楼都带有精细丰美的木雕、砖雕。这种门楼还可以做成华丽的花门。北京紫禁城的养心门就是一座十分隆重的琉璃花门。门本身由须弥座、门垛、额枋斗栱和歇山屋顶组成，为增强气势，门的左右各簇拥着一道"一字影壁"，门与影壁都满饰琉璃贴面，充分显现出宫廷的豪华气派。

图4-3 北京故宫皇极门（程里尧摄）/对面页上图
是一座高规格、豪华型的高墙门，由三座拱券洞门和一组三间七楼的随墙琉璃牌楼组成。简洁的门洞与华丽的琉璃牌楼门罩形成强烈的对比。宏大壮观的墙门与对面的九龙壁遥相呼应，构成了一个气势磅礴、富丽堂皇的宫前门庭。

图4-4 皇极门随墙琉璃牌楼（程里尧摄）/对面页下图
细部处理极具匠心。正楼、次楼为半坡庑殿，夹楼为半坡悬山顶，两侧边楼外侧用半坡庑殿顶，里侧需与次楼衔接而改用半坡悬山顶。七座门楼高低错落，十四根琉璃垂莲柱与数十攒琉璃斗栱交相辉映，既恢宏壮观，又富丽堂皇。

门 婀娜多姿的墙门

◎筑境 中国精致建筑100

图4-5 宋《营造法式》中所绘的乌头门（示意图）

图4-6 洞门（俞绳方摄）/对面页
各式洞门在园林构景中起着十分重要的框景、对景
作用。这是苏州拙政园的"晚翠"洞门。从枇杷园
内北望，远处的雪香云蔚亭恰好框入门洞中，形成
绝妙的对景。

门 | 炯娜多姿的墙门

筑境 中国精致建筑100

在许多场合，由于墙体很高，门只能依附于墙上而不能高于墙身，这样就形成一种高墙门，俗称"随墙门"。随墙门受墙体的限制，进深方向无法向墙里延伸，一般做得较简易，只是在墙上辟出门洞，隐出门上过梁。讲究的则在门洞上方挑出简洁的或丰富的门罩，还可以在门洞两侧砌出砖垛，以扩大门的形象。江浙一带把这类随墙门也称为门楼，《营造法原》上列有三飞砖门楼、牌科门楼、衣架锦门楼等诸多样式。在墙体制约下，高墙门也能做得很隆重。北京紫禁城的锡庆门，采用三门并立，每门均由白石须弥座、琉璃门垛和琉璃庑殿顶挑檐组成，做得很有气势。紫禁城的皇极门更进一步，在高大的宫墙上开辟三座拱券洞门，门洞上都做出一组三间七楼的随墙琉璃牌楼。把三座独立的门洞连成了尺寸庞大的组合体，其气势之大堪称墙门之最。

在墙门系列中，还有一种在墙上开各式门洞的"洞门"，也称"什锦门"。它主要用于园林，有圆、横长、直长、长六角、正八角、长八角、执圭、海棠、葫芦、汉瓶、如意等多种多样形式。一般在分隔主要景区的院墙上，多用较为简洁的、直径较大的圆洞门或八角洞门，以便于通行，并预示门内空间较为宽敞。在小院、走廊等处，则采用直长、圭角、汉瓶等窄长形的、轻巧玲珑的洞门，同时也点示门内空间较为窄小、亲切。这些洞门的边框通常用灰青色方砖镶砌，刨成挺秀的线脚，在白墙陪衬下，十分素雅。各式各样的门洞，在园林中都成了饶有趣味的取景框，可以镶出一幅幅

狮子林小方厅后院

悬桥巷王宅

拙政园澄观楼

怡园锁绿轩

拙政园梧竹幽居

狮子林小方厅

鹤园

狮子林御碑亭东

狮子林荷花厅西走廊

怡园碧梧栖凤

沧浪亭明道堂西走廊

图4-7 苏州洞门示意图
苏州园林和住宅中丰富多样的洞门形式。

优美的园景画面。苏州拙政园中的枇杷园，云墙上的"晚翠"圆洞门就是这方面的杰作。从枇杷园外透过此门南望，以嘉实亭为主体构成了一景；自枇杷园内透过此门北望，以掩映于林木中的雪香云蔚亭为主体又构成一景。"晚翠"洞门在这里成了园林对景的最佳中介，充分显示出洞门在园林中灵活的组景潜能。

五、亦门亦屋的
屋宇门

图5-1 天津蓟县独乐寺山门/上图

建于辽统和二年（984年），是现存最早的屋宇门实物。山门面阔三间，进深二间，构架为"分心槽"做法，屋顶为四阿顶。斗栱硕大，出檐深远，屋面坡度平缓，外观庄重舒展，显现出辽代建筑的雄浑风貌。

图5-2 江西铅山县鹅湖书院大门（王雪林 摄）/下图

面阔五间，中部三间敞檐并突起，以明间设门穿堂。左右梢间近似"门塾"。轻快的木构梁架配上大片的白墙、青瓦，质朴高雅，很吻合书院大门的品格。

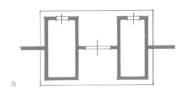

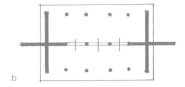

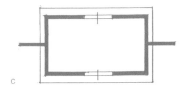

图5-3 屋宇门的三种形式示意图
塾门型、戟门型、山门型。

屋宇门呈门屋、门殿的形态，以亦门亦屋为主要特征，上自帝王宫廷的殿门，下到庶民房舍的宅门，都常用这种门式，是运用得最为广泛的一种单体门。不同性质、不同等级的屋宇门，看上去千差万别，如加以归纳，大体上可概括为三型：塾门型、戟门型、山门型。

塾门型出现得很早。迄今为止所发现的华夏最早宫殿——偃师二里头一号、二号宫殿遗址，它的大门都是塾门型的屋宇门。据专家复原，一号宫殿大门面阔八间，进深两间，中部四间为开敞的穿堂门，左右各两间为闭合的"东西塾"。二号宫殿大门面阔三间，进深一间，东西塾和穿堂各占一间。这两座大门，是我们现在所知的最早的塾门形式。陕西岐山凤雏宗庙建筑遗址又为我们展示了一座更为完整的西周初期的塾门。这座门面阔七间，东西塾各占三间，当中一间为穿堂式的门道，古人称为"隧"。隧的前方立有一座版筑的影壁，古文献中称为"树"或"屏"，这在当时是王室、诸侯或采邑领主的建筑才能用的，标示着建筑等级的显贵。

塾门显然是符合礼仪的规范门式，不仅为宫殿所用，也为士大夫宅第所用。清代张惠言根据《仪礼》所载礼节，推测春秋时代士大夫的住宅，用的也是这种以明间为门道，以次间为东西塾的塾门。这种门式的生命力很强，直到近代，辽宁、吉林等地民居还常见三开间或五开间的塾门型大门，只是左右间不再称"塾"，而统称为"门房"。

在高体制建筑中，塾门型的大门后来普遍为戟门型的大门所取代。戟门的特点是前后敞檐，门殿空间完全敞开，大门门樘安装在正中的脊檩部位，整个大门非常疏朗、气派。古代高级官吏有门前列戟的制度。顾名思义，这种戟门当是因列戟而得名的。由于列戟意味着高品级，戟门也自然成了高等级的门式。在明清建筑组群中，官殿、坛庙、陵墓的主殿前方的殿门几乎都是戟门型的。如北京紫禁城的太和门，北京天坛的祈年门，明长陵的祾恩门、曲阜孔庙的弘道门、大中门、同文门、大成门等等。在这些戟门中，太和门的形制最高。它面阔九间，进深四间，上覆重檐歇山顶，下部坐落在勾栏环立的白石须弥座上。太和门的三樘大门较为特殊，不是安装在正中的脊檩部位，而是后退到后金柱列。这是因为太和门不仅仅作为门座，还兼有"御门听政"的常朝功能。门樘后移，门殿空间便于御朝，是很得体的设计。

值得注意的是，北京四合院住宅的广亮大门，实质上也属于戟门型，只不过开间仅为一间而已。这种门樘居中、前后敞檐的广亮大门，内部彻上明造，门框槛可以做得比较高，显得很有气势，在宅门中属于较高的等级，必须有相称的官品、地位才准使用。品位低的只能把门樘前移安装于金柱部位，成为金柱大门；或是把门樘立于外檐柱上，成为蛮子门。

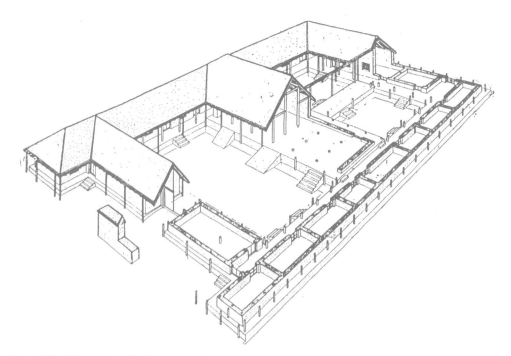

图5-4 凤雏西周宗庙遗址示意图（杨鸿勋 复原）
大门为塾门型，门前有影壁。

图5-5 吉林民居中的塾门型大门示意图
（引自王其钧编绘《中国民居》，上海人民
美术出版社，1991年）

图5-6 弘道门（程里尧 摄）
是曲阜孔庙的第二道门，属屋宇门中的戟门型。五开间的歇
山顶门殿，前后敞檐，三樘大门都安装在中柱部位。前后檐
柱均为红漆的八角形石柱，与木梁架结合得颇融洽。

还有一种干脆在前檐用砖包砌成窄小的门口，称为如意门。这种门的等级很低，但可以在门楣上满布各种精致的砖雕纹饰，虽不能显贵，却可以夸富。这几种门都可以说是广亮大门的变体。

山门型的屋宇门主要用于寺庙建筑，以前后檐墙封闭、门内空间可供神像陈列为其特色。它是名副其实的亦门亦殿。当它作为头道山门时，门殿内部左右各塑一尊面貌雄伟、作愤怒相的金刚力士。左像怒颜张口，右像忿颜闭唇，状甚威严。当它作为第二道门殿时，内部左右两侧供四大天王，殿中间立板壁，前部供弥勒，面对山门；后部供韦驮面对大雄宝殿。这个二道门通常被称为天王殿，是典型的

图5-7 北京四合院住宅的各式大门

a. 广亮大门（门橙设于中柱部位）；

b. 金柱大门（门橙设于金柱部位）；

c. 蛮子门（门橙设于檐柱部位）；

d. 如意门（门口加砌砖墙，形成窄小洞口）

a

b

c

d

门殿合一。严格说，有的寺院中大雄宝殿后檐还开门通向后部的法堂区，这个大雄宝殿实质上也附带有前后穿行的门的作用。有趣的是，在这些亦门亦殿的空间中，如果说山门的金刚分立两侧，留出中部空间便于畅通，功能上是以门为主，以殿为辅；那么天王殿内，两侧和中部都有供像，穿行也比较顺当，功能上呈门与殿的平衡；而大雄宝殿则通过大片屏壁隔断，殿内主体空间用于供佛，人们可以曲折地绕过后屏穿行，是明显的以殿为主、以门为辅。由此不难看出，古人对于寺院门殿空间的功能设计和人流组织，是颇为细腻、颇为妥帖的。

六、台门与阙门

图6-1　敦煌晚唐第9窟壁画
中的三门洞排叉门形象

门 | 台门与阙门

筑境　中国精致建筑100

《礼记·礼器》曰："天子诸侯台门，此以高为贵也。"台门的体量最大，尺度最高，戒卫性能最强。除了城市的城门外，只有皇城、宫城、苑囿的行宫城、陵墓的宝城和分封各地的亲王、郡王的王城才能用这种门。台门总是与城墙相匹配，下部是高大的、辟有门洞的敦实城台，上部是轩昂的、带高体制屋顶的宏伟城楼，具有强固的防卫性能和森严的巍峨形象。在明清北京城的中轴线上，从永定门到太和门的九重门阙中，台门就占了七座。骆宾王诗曰："山河千里图，城阙九重门；不睹皇宫壮，安知天子尊。"从北京外城、内城、皇城、宫城轴线上的重重台门，不难体验台门的威严雄姿对于表现都城和宫禁的森严气氛，起到了何等重要的作用。

台门的具体形式，从前期到后期，经历了由木构门顶的"排叉门"向砖石结构的"券洞门"的演进。我们在敦煌石窟的唐代壁画上可以看到许多木构门顶的台门形象。这些台门的门洞上方由单层或双层木梁荷重，洞顶呈方

图6-2 汴梁城门/上图
早期台门均为排叉门形式。宋画《清明上河图》
上所画的汴梁城门就是这种木构门顶的排叉门。

图6-3 正阳门（程里尧摄）/下图
正阳门是北京内城南垣的正门，门楼高两层，上
冠重檐歇山顶，中部带平座腰檐，由于上下共有
三层檐，俗称"三滴水"。这是明清高档城门楼
的典型形制。它高高地耸立在宽大的城台上，构
成了城市壮观的天际线。

筑境 中国精致建筑100

图6-4 沈阳清福陵（努尔哈赤陵）隆恩门
不同于关内明清陵通用的屋宇门形式，而是一座耸立在方城南墙的台门。门楼为三层带周围廊的歇山顶楼阁，连同墩台总高达19.4米。体量庞大，高耸触目，气势颇为宏伟。

图6-5 承德避暑山庄丽正门

是一座用作离宫正门的台门。墩台与宫墙齐高，三个门
洞有意采用雅朴的万形门道顶，门楼选用单层歇山卷棚
顶。整个台门朴实无华，端庄中带有秀气，很切合山庄
式离宫的大门性格。

筑境 中国精致建筑100

图6-6 四川雅安汉高颐阙透视图（傅熹年 绘）

图6-7 双阙图
沂南东汉墓画像石宅院（或祠庙）图门前设分立的双阙。

顶或盝顶，门洞两侧排列着很密的排叉柱。北宋张择端《清明上河图》所画的汴梁城门，也是这种做法。从南宋到元，随着攻城火器的进步，城门洞的木构门顶成为城防的薄弱环节，门顶结构逐步向坚固耐火的砖砌券门转变。南宋静江府城（现广西桂林）的城门已开券洞门的先河。元大都和义门的瓮城门洞和元代居庸关云台的城门都反映出转变期的特色。到明清则普遍都是券洞门了。台门上部的城楼也经历明显的变化，唐宋时期基本上以单层为通行形制，到明清则有不少两层、三层的城楼。一种高两层、上冠重檐歇山顶，中部带平座腰檐的城楼，俗称"三滴水"，成了高档城门楼的典型形象。这些城楼高高耸立在城台上，构成了中国传统城市最触目的天际线。

图6-8 四川羊子山东汉墓出土的门阙画像砖
生动地反映出坞壁阙的形象。

与台门相关的，有一种独特的建筑，称为"阙"。阙原是显贵建筑的门前陪衬小品。《白虎通义》说："门必有阙者何？阙者，所

门 | 台门与阙门

筑境 中国精致建筑100

图6-9 北京故宫午门
是隋唐以来历代通用的"冂"字形宫阙门的最后一座。它以庞大的巍峨体量，极度压抑的森严气势，把阙门的雄壮威势发挥到极致。

以饰门，别尊卑也。"从遗存的汉阙来看，都是双阙孤植、"中央阙然为道"的形象，有宫阙、城阙、坛庙阙、墓道阙之分。据专家考证，从东汉中期到北朝，在民间衍生出一种坞壁阙。坞壁阙突破双阙孤植的形态，不再孤立于门外，而是与大门、院墙联结在一起，形成了门阙一体的新形象。这种门阙的结合体后来在宫阙中演变成主体门殿两侧"左右连阙"的冂形阙门。隋东都洛阳宫城的则天门，唐长安东内的含元殿（此殿实际上起宫城正门的作用）、唐长安西内的承天门，宋汴梁大内的宣德门，宋西京洛阳的五凤楼，金中都宫城的应天门，元大都宫城的崇天门，一直到明清北京宫城的午门，一脉相承都是这种冂字形阙门形式，说明隋以来宫城正门形式是从汉代的双阙孤植的形制，经过魏晋坞壁阙的过渡形态而逐步演变而来的。北京故宫午门是这类宫阙门的最后一座。它以庞大的巍峨体量，强化的空间深度，极度强化的森严气氛，把这种冂字形阙门的威势发挥到淋漓尽致的地步。

七、牌坊：独特的门

图7-1 牌坊（王雪林摄）
安徽歙县棠樾村，沿着鲍氏祠堂前的大道上，有一组一连七座用以旌表鲍氏家族的牌坊群。牌坊形制相似，体量相近，材质相同，构成统一整体，很能显示豪门族居的气势。

牌坊，也称牌楼，是中国建筑中的一种独特的门。平面为单排柱列的一字式，只有面阔，没有进深。通常都不与围墙衔接，也不设框槛门扇，因而不具备门的防卫功能和启闭作用，是一种表征性、象征性、纪念性的门。

牌坊与牌楼基本上是一回事，一般地说可以不加区分，统称牌坊或牌楼均可。也有专家认为两者应予区别，牌坊指的是额枋上不起楼的，牌楼则以起楼为其特征。

牌坊的出现当与中国古代城市里坊制的废弛有关。从西周到秦汉，城邑中居民聚居的基本单位称为"里"。里是封闭的，设有里门，称为"闾"。从北魏开始，"里"也称为"坊"，坊门早晚定时启闭，管理得很严。一直到后周世宗扩建汴州外城时，鉴于城市发展的新形势，下了一道诏书："其标识内，候官中劈画，定军营、街巷、仓场、诸司公廨院务

图7-2 北京成贤街国子监牌楼
因跨窄街而立，木牌楼仅用二柱一间，但两边悬出跨楼、垂柱，整体形象轻快、优美，在程式化的做法中取得了难得的个性。

图7-3 北京北海小西天琉璃牌楼
属三间四柱七楼式。须弥座、夹杆石、门券石、正楼匾为白色石质，墙体为红色砖质，楼顶、斗栱、枋柱、花板、次楼匾均为黄绿色琉璃材质。不同色质的组合，取得了既敦实稳重，又斑斓华丽的效果。

图7-4 明十三陵石牌坊（王雪林摄）/上图

建于嘉靖十九年（1540年），是整个陵区的入口标志。牌坊为五间六柱十一楼，结构宏伟，制作精良，通阔28.98米，通高12.48米，是石牌坊中的一个巨构。

图7-5 杭州西泠印社小石坊（张振光摄）/下图

形式上脱胎于乌头门，尺度宜人，形象朴拙，是一座很得体的、与园林环境十分协调的建筑小品。

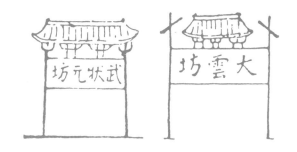

图7-6 南宋《平江府图碑》中由坊门演变的牌坊形象（示意图）

了，即任百姓营造。"（《五代会要》卷二六《城郭》）就是说在指定的地区，待官府按计划分划军营、街巷、仓库、官署用地后，可让百姓随宜筑宅。由此，百姓不必强制住在里坊之内，城邑突破了里坊制，转向街巷制。从这以后，原有的"闭其门、塞其途"，维系夜禁治安的坊门失去了作用，转化成了通行无阻的、标着坊名、仅起标志作用的牌坊。我们从南宋《平江府图碑》，可以看到图上绘有牌坊65座，各个巷口多有二柱一楼的牌坊，均与坊墙脱离而独立，并标有坊名，可证牌坊最初确是从坊门演化而来。

到明清，牌坊、牌楼已遍及城乡各地，成为最常见的一种礼制建筑小品。它的构成很有规律。牌坊不起楼，品类较为单纯，几乎全是石材构筑的，全是柱出头的冲天式，通常多为一间二柱式或三间四柱式。牌楼的品类则相当庞杂，论材质，有木牌楼、石牌楼、琉璃牌楼、木石混合牌楼等多种；论制式，有柱出头的冲天式和柱不

图7-7 元代永乐宫壁画中的桥头牌坊示意图

出头的非冲天式；论规模，主要依据间数、柱数和正楼、次楼、夹楼、边楼等檐顶的楼数来衡量，有一间二柱一楼、一间二柱三楼、三间四柱三楼、三间四柱五楼、三间四柱七楼、五间六柱五楼、五间六柱十一楼等不同的形制。早期的牌楼都是木构的，由于防火的要求和纪念性、永久性的需要，大约从元末明初开始出现石牌坊、石牌楼。此后牌坊基本上全是石构的，牌楼也以石构的占绝大多数。

民间的牌楼有少数突破一字式的平面，采用四面围合的"口"字形，或两端开叉的"〉—〈"形，前者如歙县的进士坊、许国坊，后者如宜兴的状元坊、汤阴的岳庙牌楼，这种将牌楼立体化的尝试，也有助改善牌楼的稳定性。

八、丽丽垂花门

图8-1 垂花门/前页

垂花门常见于宅第、王府、园林、寺观，主要用作组群内部庭院的入口。它以前檐挑出两根垂莲柱为主要特征，并以丰富的雕饰彩绘而成为内院的装饰重点。图为北京恭王府的一座单卷棚垂花门。

上面分别叙述了墙门、屋宇门、台门、牌坊门四大门类，实际上千姿百态的单体门远不止这四类，还有不少门介乎这些门类之间，处于中间的形态。如坛庙、陵墓中常见的"棂星门"，呈现三座"乌头门"并列的形象，有人说它是乌头门的明清新姿，有人认为它是牌坊的一种变体，准确地说它应是墙门与牌坊的过渡形态。像明十三陵大红门、曲阜孔庙圣时门那样的券洞门，整体很像屋宇门，却只有门洞而没有门屋空间；屋身也很像台门的墩台，却没有台上的城楼。它可以说是屋宇门与台门的过渡形态。在墙门与屋宇门之间，也存在着一种过渡形态，那就是大家熟知的"垂花门"。

垂花门广泛用于宅院、府邸、园林、寺观等建筑组群。在北京四合院中，它是内宅的入口，总是与正房配套，同处在中轴线上，进入垂花门，就来到正房院。因此，垂花门实质上是一道寝门，由它区划出内宅与外宅。在二三进的四合院中，垂花门就处在二门的位置。在有厅堂的多进院中，垂花门则随正房一起后退，夹于厅堂与正房之间，形成明显的"前堂后寝"格局。这道垂花门总是设计得十分精巧、雅致、亲切，成为宅院内部的装饰重点，有效地渲染出内宅的温馨气氛。在园林组群中，垂花门大多作为园中园的入口，有时也以廊罩的形式构成游廊的通道。垂花门在园林中可以起到隔景、框景、借景等作用，它自身也常以优美的风姿上升为园中的景点。

图8-2 垂花门的细部充满雕饰彩绘
倒悬的柱头雕着垂莲，檐枋与帘笼枋之间镶嵌着透雕
的花板，帘笼枋下安装着雕镂的花罩。垂柱、枋木、
间柱都满绘绚烂的彩画。

门 丽 丽 垂 花 门

图8-3 北京北海甫鉴室垂花门
采用三檩担梁式构架，以中柱落地，前后檐挑
出垂莲柱，门两侧与院墙相连，是一种构造很
简单，近似于墙门形态的垂花门形式。

图8-4 曲阜孔府重光门（程里尧 摄）

坐落于孔府前庭，是一座三间四柱的担梁式垂花门，四面临空，如同一道屏门，通称"仪门"。门式做法古朴，建造年代当不晚于明嘉靖，在现存的垂花门中算得上是较早的一座。

　　垂花门有多种多样的形式，常见的有担梁式、一殿一卷式、单卷式、廊罩式等。担梁式构造最为简洁，只有一排中柱落地，前后檐均挑出垂莲柱。这种垂花门最接近于门楼型的墙门。它的前后檐立面完全相同，大多用于园林之中，用以沟通两个相邻的、不强调正逆向序列的园庭空间。一殿一卷式是垂花门最常见的标准形态。它的规制推敲得十分周到得体。门宽一间、门深四架半，门内两侧与抄手游廊连接。由于进深超过面阔，为取得匀称的立面比例，采用了一殿一卷的勾连搭屋顶，前部用带正脊的悬山顶，后部用卷棚悬山顶。平面上由前柱和后檐柱四柱落地。前中柱柱间设框槛，装走马板、余塞板和棋盘门。后檐柱柱间装四扇屏门，门上刻写着延年益寿、福禄寿喜、斋庄中正等字句，平时屏门紧闭，如同一道屏风，用以隔挡视线，保持内宅的私密深邃和安谧宁静。遇有婚丧大事或贵客临门，打开屏门，串通内外，可形成空间流连、院庭熙攘的热闹气氛。这种垂花门，前檐殿脊举架有意偏高；屋顶耸起正脊，大式调大脊，安吻兽，小式用清水脊，翘起蝎子尾；檐下挑出垂莲柱，柱间连以檐枋、帘笼枋、垂帘枋和花板、雀替等。前檐立面在华美中带有几分轩昂，很适合作为内宅大门的品格。后檐立面则由于采用卷棚顶，举架也有意偏低，加上素净的屏门，从内院看去几乎没有门的感觉，显得平静娴雅，用在正房院内也分外妥帖。由此可以看出，在这个特定场合选用前殿后卷的屋顶是极具匠心的。

图8-5 担梁式垂花门基本构造图

1.柱；2.檩；3.角背；4.麻叶抱头梁；5.随梁；6.花板；7.麻叶穿插枋；8.骑马雀替；9.檐枋；10.帘笼枋；11.垂莲柱；12.壶瓶牙子；13.抱鼓石

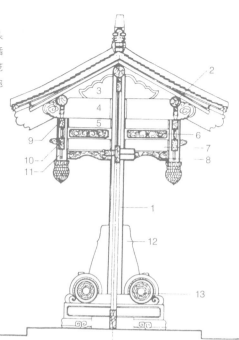

图8-6 一般一卷式垂花门基本构造图

1.前檐柱；2.后檐柱；3.檩；4.月梁；5.麻叶抱头梁；6.垫板；7.麻叶穿插枋；8.角背；9.檐枋；10.帘笼枋；11.垂帘柱；12.骑马雀替；13.花板；14.门枕

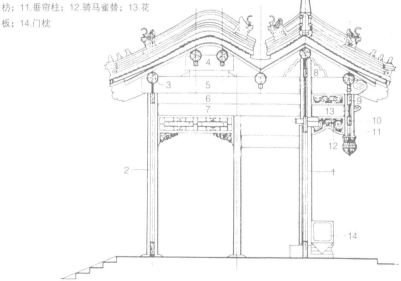

垂花门还充满着丰富的雕饰，倒悬的垂莲柱头，雕着仰覆莲、风摆柳、四季花，构成垂花门的独特标志；檐枋和帘笼枋之间，镶嵌着透雕蕃草图案的花纹；在帘笼枋的下部，有的安装刻饰蕃草、如意草的雀替，有的安装满铺子孙万代、岁寒三友的花罩。垂花门也很着意于油饰彩画。宫殿、坛庙、寺院中的垂花门，多绘旋子彩画，园林中的垂花门多绘苏式彩画，都显得十分华丽；宅院的垂花门为求得与宅屋色调的协调，多不做彩绘，仅涂刷红绿油漆，或在枋檩两端掐上箍头，也非常雅致。

九、门面经营和门庭铺垫

图9-1 乾清门

是北京故宫内廷的正门，门座两侧伸出体量庞大的"一封书"撇山琉璃影壁，既壮大了宫门的气势，也标示出内廷的尊崇和寝宫的性格。这座影壁采用了数十种琉璃构件，色质绚丽，雕饰精细，是琉璃工艺的一件珍品。

从门第意识到风水观念，从空间组织到艺术表现，大门的门面经营和组群内部的门庭铺垫都是中国传统建筑设计的焦点。古代匠师在这方面投入了特殊的关注，建立了周到的规制，积累了成熟的手法，表现出独特的意匠。

从门面经营的处理方式和设计手法来看，大体上可以概括为七大招数：

一是门式调度。不同性质、不同等级的建筑组群，都有相应的门式，或台门、或阙门、或王府大门、或广亮大门，大门的基本格式就是门面基本品级的标志。

二是间架调节。在同一类别的门式中，进一步通过不同的间架来细分。同是屋宇门，可以划分为一间三架、三间五架、五间七架等不同档次；同是台门，可以划分为单门洞、三门洞、五门洞等不同档次；同是牌楼门，也可以划分为一间二柱一楼、三间四柱三楼、五间六柱十一楼等不同档次。

图9-2 黄宅门楼和细部

大门通常都是整组建筑的装饰重点。图
为江西景德镇黄宅门楼，在"大夫第"
门匾四周的上枋、下枋、兜肚、边柱、
雀替等部位，都满布精雕细刻，极力以
华丽的门楼显示门第的显赫。

a

b

三是框槛放大。为壮大门面观瞻，大门门口的框槛多数都经过"放大"处理。门的框槛尺度没有局限于"门口"的实用尺度，而是在竖向添加"走马板"，在横向添加"余塞板"，把框槛的尺度放大了一圈，以彰显大门的气势。

四是影壁烘托。宅第的大门不是孤立的，有一套运用影壁组织空间、扩大形象的定形做法。如在宅门对面设一字影壁、八字影壁，在宅门两侧设撇山影壁、"一封书"影壁，在宅门内里设附着于厢房山墙的跨山影壁等。这些影壁有效地围合出过渡性的门面空间和门内空间，界定出门面领域，扩大了门面形象，烘托了门面气势。

五是小品点缀。大型的、尊贵的建筑组群，有一整套隆重的陪衬大门的建筑小品和石雕大件。如耸立的牌坊，簇拥的华表，横亘的弓河，跨河的石桥，威严的石狮，精雕的上马

门 | 门面经营和门庭铺垫

筑境 中国精致建筑100

图9-3 门鼓石
门鼓石是对门枕石的美化处理而形成的一种石雕小品，分为圆鼓石和方鼓石两式。图为北京四合院大门的圆鼓石。其形象由大鼓、小鼓和带包袱角的须弥座组成，鼓身、鼓座都充满雕饰，是大门的一个装饰重点。

图9-4 砖雕

是徽州民居门罩上的主要装饰，所用材料是质地细腻的水磨青砖。由于青砖质地松脆，雕砖一般都采用高浮雕，刀法趋于简洁，形成特有的砖雕风格。

图9-5 门庭小品

在北京故宫太和门庭院中，主体建筑太和门受到庞然大物的午门背立面的逼压，形成强宾弱主的局面。古代匠师在院庭中智巧地设置了弓形内金水河，河上跨五座石桥。通过弯水石桥的划分，大大舒展了太和门的气势。这是巧用门庭小品的一个范例。

图9-6 大佛寺门前空间速写（赵光辉 绘）
四川乐山大佛寺门前香道由磴道、绝壁、林木、
摩崖石刻和建筑小品组成门前长长的铺垫空间。

石等，这些门前小品参与了门面空间的界定，隆化了门面的场景。

六是门道铺垫。对于一些特殊的组群，门面经营还延伸到门前通道的精心处理。例如浙江东阳卢宅，在通向宅门的大道上曾经树立过木、石牌坊达17座之多，形成隆重的门前导引和铺垫。许多处于山林胜地的寺院，也常常在寺门前方开辟香道，并沿香道设置牌坊、门楼、凉亭、岩洞，或雕凿摩崖石刻，以渲染佛国气氛和导引香客。帝王陵墓更是在陵门之前安排长长的神道，通过牌坊、碑亭、望柱、石象生、棂星门等的重重铺垫把陵门前方的气势彰显到极致。

七是门饰装点。在许多情况下，大门都是整个组群的装饰重点。门楼、门罩、门额、垛头都充满着精致的砖雕；门簪、门钹、门钉、包叶都极富装饰性；就连很不起眼的门枕石，也特地做成精工细琢的圆鼓石、方鼓石。簇拥着大门的影壁，壁心部分的雕饰也很丰富。这些都有效地突出了大门的丰美和华贵。

值得注意的是，传统建筑的大型组群在精心关注门面经营的同时，也十分重视在组群内部设置一座又一座的过渡性门庭。曲阜孔庙

图9-7 五重门示意图/对面页
正德本《阙里志》所载孔庙图，大成殿前方轴线上重叠着五重门。

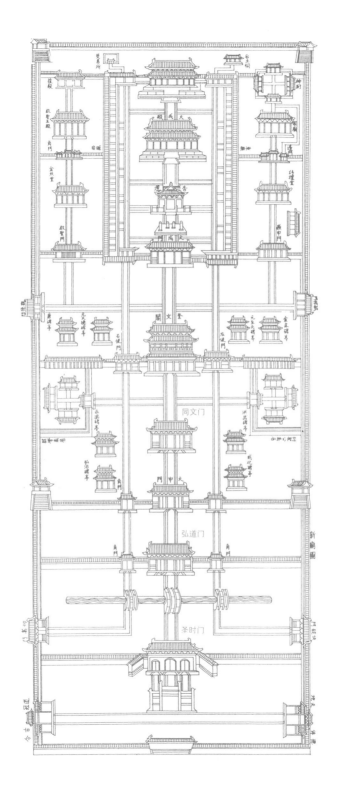

以圣时门为大门；以大成殿为主殿，在大门与主殿之间，精心布置了弘道门、大中门、同文门、大成门四重门庭和一座奎文阁，形成主殿前方五重院落的纵深格局。不难想见这种门庭的铺垫在造就院庭深邃、清肃庄严的境界中起着何等重要的作用。明清北京紫禁城更为突出。主殿太和殿也有赖前方大清门、天安门、端门、午门、太和门的重重铺垫而显出宫殿主体至高无上、唯我独尊的神圣威严。

十、门神・门匾・门联

最后，让我们了解一下与门文化有关的三件事。

门神：门神和灶神一样，是我国民间信仰的家庭守护神。旧时岁末，家家户户都在门上贴门神，以求辟邪驱鬼，保佑平安。门神信仰由来已久，先秦时代祭门神已列为"五祀"之一。大约从汉代开始，门神被赋予具体的形象。在历史演变中，门神形象层出不穷，大体有三种类别：

第一种用的是神话传说的人物，最著名的就是神荼、郁垒。《风俗通义》记载说，上古时候，有神荼、郁垒兄弟俩善于捉鬼。东海

图10-1 四川乐山凌云寺山门（楼庆西 摄）
上悬巨大的"凌云禅院"金匾，旁挂"大江东去，佛法西来"短联。既描述庙门临江的雄浑景象，又点出佛法流传的庄严历史，大大升华了禅寺门面的环境意蕴。

图10-2 曲阜孔府大门

门楣正中高悬着"圣府"匾额,两边门柱上悬挂着清人
纪昀书写的对联:"与国咸休安富尊荣公府第,同天并
老文章道德圣人家"。匾联的文句、书法都极有气势,
充分显示出孔府非同凡响的尊崇。

度朔山上有桃树，兄弟俩在树下审鬼，把不讲理的、祸害人的鬼就用苇索绑缚去喂虎。因此后人多在除夕之日"饰桃人，垂苇茭，画虎于门，皆追效前事，冀以御凶也"。在南阳汉画像石墓墓门上，我们可以看到这种绘刻的神荼、郁垒形象。唐以后钟馗捉鬼的故事流传到民间，钟馗画像也成了神话门神的一种。

第二种画的是武士形象。《汉书·景十三王传》已有广川王刘去在殿门上画古勇士成庆像的记载。洛阳出土的北魏宁懋石室所画的门神，就是这类身披金甲、高大魁梧的武士像。武士门神中最负盛名的当数秦琼和尉迟敬德。他们二人都是唐太宗手下战功显赫的名将，传说宫中有鬼惊扰太宗，秦琼、敬德夜间戎装侍

图10-3 门联
贴门联是民间极盛行的习俗。有两种做法：一种是年年更新的纸质春联，另一种是常年使用的永久性门联。图为北京某宅刻镂于门板上的、做工十分精致的永久性门联。

敬德　　　　　　　　　　　　　　　　　　秦琼

图10-4 武士门神图

卫宫门，鬼不再来。于是太宗命画工绘二人像悬于宫门，从此平安无事。这个故事后来流传到民间，明代还写入《西游记》，民间因此风行张贴秦琼、敬德画像的门神。画中的门神有立式、有坐式，有徒步，有骑马，有舞鞭锏、有持刀枪，形象丰富多样。除秦琼、敬德外，武士门神还有画温峤、岳飞、赵云、赵公明、燃灯道人、孙膑、庞涓等人的，品类相当多。

第三种画的是文官形象。到明清时期，盛行一种祈福门神，主要贴于宅院内部的堂屋门上，以区别于大门所贴的辟邪门神。这种门神画着天官、状元、福禄寿星、合和二圣和财神爷的形象。画上点缀着鹿、蝙蝠、喜鹊、花瓶、马鞍之类的吉祥物，借其谐音表达荣禄、赐福、喜庆、平安等寓意。这是随着起居生活安全的进化，民俗心理对门神的功能已不满足于消极的避祸，还要求积极的祈福。

门神画像后来成了一种民间艺术品，最晚到宋代，汴京、临安的岁末市场上已有门神年画出售。家家户户门上贴上门神画，不仅浓化了门的辟邪祈福的寓意，而且增添了门的喜气洋洋的风采。

门匾：匾，古文作"扁"，也称匾额、扁牍、牌额。我国第一部字典《说文解字》解释说："扁，署也。署门户之文也。"门上立匾，有两大用意，一是命名，二是点题。中国许多重要建筑组群的门殿、门楼都有特定寓意的命名，如北京紫禁城的太和门、乾清门、日

a

b

图10-5 门额题字

陕西韩城党家村通行高门楼，宅门窄而高。历来盛行在大门上方辟出门额题字，至今流风不绝。这些门楼题上"进士第"、"光裕第"、"清平轩"等名称或"忠信"、"忠笃"、"居之安"等颂词，既标示宅第的可识别性，也突出门第的文化内蕴。

精门、月华门、协和门、熙和门；曲阜孔庙的弘道门、大成门、仰高门、快睹门、启圣门、承圣门。私家园林、皇家园林的门则多有精心的点题，如苏州拙政园的洞门题刻着雅致的"晚翠"、"入胜"等砖框匾额，承德避暑山庄的景点门殿悬挂着"月色江声"、"梨花伴月"、"无暑清凉"、"青枫绿屿"等门匾。各类牌坊、牌楼的题匾更是点题的极隆重形式。一些地区的宅第大门也有立匾点题的风气。陕西韩城党家村的许多门楼书写着"忠恕"、"忠信"、"忠笃"、"和为贵"、"谦受益"、"天赐吉祥"、"诒谋燕翼"之类的匾文。这些门楼、门殿、门洞通过立匾命名点题，构成了"有标题的建筑"，大大丰富了门的文化内蕴。

门联：门联的历史也很长远，过去都认为始于五代，现在谭婵雪女士根据敦煌写本遗书的材料，推论门联在唐代就已出现。贴门联如同贴门神一样是民间久盛不衰的习俗。一般老百姓的宅门，常常贴上"一元复始，万象更新"、"忠厚传家久，诗书继世长"、"向阳门第春常在，积善人家庆有余"等年年更新的纸质春联。显贵大宅则有长年使用的，做工十分精致的永久性门联。曲阜孔府大宅的大门，就悬挂着一副这样的对联："与国咸休安富尊荣公府第，同天并老文章道德圣人家"。这副对联是清人纪昀所书，文句、书法都极有气势，充分表现出孔府不同凡响的尊崇气派。一些寺庙建筑、景观建筑也很注重在山门、香道、景点门殿上通过门联的抒发来强化特定的意蕴。四川乐山凌云寺的山门，挂着一副"大江东去，佛法西来"的门联，既描述了庙门临江的雄浑景象，又突出了佛法流传的庄严历史，言简意赅，气势磅礴，大大深化了凌云寺门面的环境意蕴。

可以说，门联与门匾、门神的综合运用，把文学意象、绘画意象、书法意象融合到建筑意象之中，把中国传统建筑的门的艺术，升华到了更高的境界。

"门"的构成简表

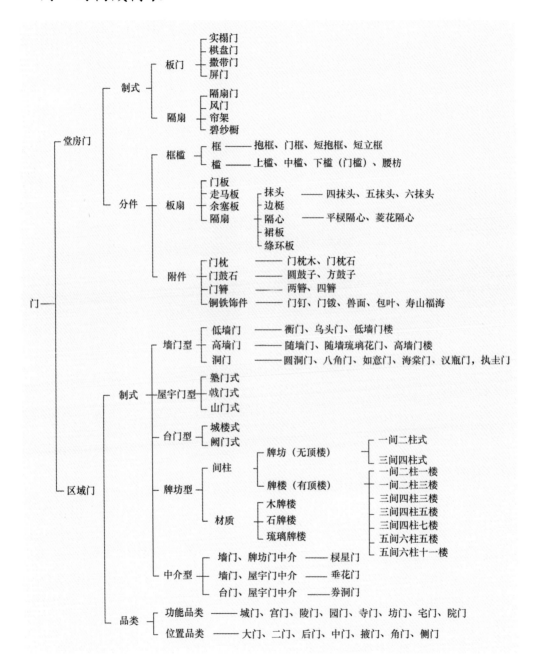

图书在版编目（CIP）数据

门 / 侯幼彬撰文 / 张振光等摄影. —北京：中国建筑工业出版社，2013.10

（中国精致建筑100）

ISBN 978-7-112-15768-6

Ⅰ.①门… Ⅱ.①侯… ②张… Ⅲ.①古建筑–门–建筑艺术–中国–图集 Ⅳ.① TU–883

中国版本图书馆CIP数据核字（2013）第200922号

©中国建筑工业出版社

责任编辑：董苏华　张惠珍　孙书研　孙立波

技术编辑：李建云　赵子宽

图片编辑：张振光

美术编辑：赵　清　康　羽

书籍设计：瀚清堂·赵　清　周伟伟　康　羽

责任校对：张慧丽　陈晶晶　关　健

图文统筹：廖晓明　孙　梅　骆毓华

责任印制：郭希增　臧红心

材料统筹：方承艺

中国精致建筑100

门

侯幼彬 撰文/张振光 等摄影

中国建筑工业出版社出版、发行（北京西郊百万庄）

各地新华书店、建筑书店经销

南京瀚清堂设计有限公司制版

北京顺诚彩色印刷有限公司印刷

开本：889×710 毫米　1/32　印张：3　插页：1　字数：125 千字

2016年11月第一版　2016年11月第一次印刷

定价：**48.00**元

ISBN 978-7-112-15768-6

　　（24356）